Math Content

PICTURE DICTIONARY

English/Spanish

VERNON HILLS • KING'S LYNN

ISBN 978-1-56911-275-5

Printed in China.

Why a Bilingual Content Picture Dictionary?

The *Math Content Picture Dictionary* is written for math learners as well as for English language learners in Grades K+. It has been developed in a bilingual format to help English language learners have a familiar context when trying to make sense of the English words and definitions they are learning every day in their math class. This dictionary can also be very useful in a dual language classroom because it allows native English speakers to learn key academic language in Spanish.

Each entry in the dictionary is presented in both English and Spanish, thus creating an English column and a Spanish column. Each entry is followed by a definition and a sentence that exemplifies in a meaningful context the math concept described. The images appear in the center column. These are carefully-researched photographs that illustrate the meaning of and provide context for each entry. Some illustrations include captions and labels to strengthen the connection to the entry word.

The 187 entries in this dictionary cover the vocabulary taught in five important areas of math instruction—Number Sense, Algebraic Thinking, Geometry and Measurement, Data Analysis and Probability, and Problem Solving. Because of the wide range of age groups that can use this dictionary, the definitions and examples are written in simple language, so that all students have access to important math content without feeling overwhelmed by the language.

The entries in this book are listed in alphabetical order within the English column so that students can easily find the math concepts they will learn during the school year. In order to use this dictionary and find words successfully, all that students need to know is the alphabet. Using a dictionary and looking for different definitions can improve students' ability to familiarize themselves with the basic concepts of print, and can prepare them to use more expansive dictionaries in the future.

Learning Opportunity As students use the *Math Content Picture Dictionary,* they will become aware of similarities found between English and Spanish words. You might want to point out that the reason for these similarities is that math words in many languages have their roots in Latin and Greek. You can also point out that these similar words, called *cognates,* are very important words to know because they will be part of their basic mathematics lexicon throughout their school years.

Bonus Extra pages are available at the back of the book for students to add other math vocabulary words to their dictionaries. Encourage students to write and illustrate the meanings of these words, and put them into a familiar context.

¿Por qué un diccionario visual bilingüe?

El *Math Content Picture Dictionary* está escrito tanto para quienes se inician en el aprendizaje de las matemáticas como para quienes empiezan a aprender inglés, desde kindergarten hasta los grados sucesivos (y de ahí en adelante). Se ha desarrollado en un formato bilingüe para brindar un contexto familiar a quienes están aprendiendo inglés a la vez que tratan de entender las palabras y definiciones que están adquiriendo en inglés, en la clase de matemáticas día con día. Este diccionario también podría ser muy útil en un salón de clases que presenta una dualidad de idiomas, pues permite a los estudiantes cuya lengua materna es el inglés, aprender el lenguaje académico en español.

Cada entrada del diccionario se presenta en inglés y en español, lo que da lugar a una columna en inglés y a una columna en español. Cada entrada tiene una definición y una oración que ejemplifica el concepto matemático que se quiere describir, de manera significativa y en contexto. Las imágenes aparecen en la columna central. Se trata de fotografías cuidadosamente seleccionadas que ilustran el significado y ofrecen un contexto para cada entrada. Algunas ilustraciones incluyen pies de foto y notas que fortalecen su conexión con cada entrada.

Las 187 definiciones de este diccionario cubren el vocabulario que se enseña en cinco áreas importantes de la instrucción matemática: Lógica numérica, Razonamiento algebraico, Geometría y mediciones, Análisis de datos y probabilidad, y Resolución de problemas. Debido al amplio rango de edades que pueden usar este diccionario, se han escrito las definiciones y los ejemplos con un lenguaje sencillo, de manera que todos los estudiantes tengan acceso al importante contenido matemático sin sentirse abrumados por el lenguaje.

Las entradas de este libro están organizadas en orden alfabético, de acuerdo con la columna en inglés, a fin de que los estudiantes puedan hallar fácilmente los conceptos matemáticos que aprenderán a lo largo del año escolar. Todo lo que los alumnos necesitan saber para usar este diccionario y encontrar efectivamente las palabras, es el alfabeto. El uso del diccionario y la búsqueda de las definiciones puede ayudar a mejorar la habilidad de los alumnos para familiarizarse con la organización básica de las publicaciones, y a prepararlos para que usen diccionarios más extensos en el futuro.

Oportunidad de aprendizaje
A medida que los estudiantes utilicen el *Math Content Picture Dictionary,* estarán más conscientes de las similitudes que existen entre las palabras en inglés y en español. Quizá usted quiera señalar que la razón de esta semejanza consiste en que las palabras matemáticas en muchos idiomas tienen sus raíces en el latín y el griego. También podría usted destacar que es muy importante saber estas palabras similares, llamadas cognados, pues serán parte de su léxico básico matemático a lo largo de los años escolares.

Ventaja adicional En las páginas anexas, que están a la disposición del lector al final del libro, se pueden añadir otras palabras del vocabulario matemático que amplíen el diccionario. Anime a su estudiante a que escriba e ilustre el significado de estas palabras, y a que las ubique en un contexto familiar.

English		Spanish
2-dimensional shape A **2-dimensional shape** is a flat shape. The painting has many **2-dimensional** shapes.		**figura bidimensional** Una **figura bidimensional** es una figura plana. La pintura tiene muchas **figuras bidimensionales**.
3-dimensional shape A **3-dimensional shape** is a solid shape that is not flat. This solid is a **3-dimensional** shape.		**figura tridimensional** Una **figura tridimensional** es un cuerpo geométrico que no es plano. Este cuerpo geométrico es una **figura tridimensional**. 
above **Above** means over or on top of. The penguin is **above** the books.		**sobre** **Sobre** significa encima o arriba de algo. El pingüino está **sobre** los libros.

A

A

English

acute angle

An **acute angle** is less than a right angle.

This is an **acute angle**. It is smaller than a square corner.

ángulo agudo

Un **ángulo agudo** es menor que un ángulo recto.

Éste es un **ángulo agudo**. Es más pequeño que la esquina de un cuadrado.

addend

An **addend** is a number that is added.

4 and 7 are **addends**.

sumando

Un **sumando** es un número que se añade.

4 y 7 son **sumandos**.

addition

Addition means putting groups together.

You use **addition** to find how many in all.

adición

La **adición** significa reunir grupos en uno solo.

Usas la **adición** para saber cuántos hay en total.

English		Spanish

angle

An **angle** has two rays that meet at a point.

All triangles have 3 **angles**.

ángulo

Un **ángulo** tiene 2 semirrectas que se encuentran en un punto.

Todos los triángulos tienen 3 **ángulos**.

area

Area tells how much space something takes up.

The **area** of this room is small.

área

El **área** indica cuánto espacio ocupa algo.

El **área** de esta habitación es pequeña.

array

An **array** is a group of objects arranged in columns and rows.

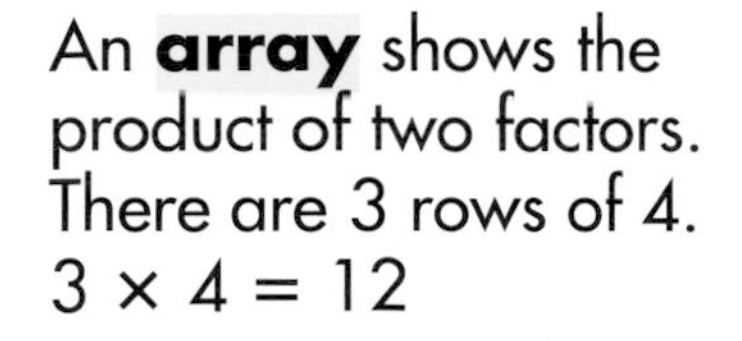

An **array** shows the product of two factors. There are 3 rows of 4.
$3 \times 4 = 12$

arreglo

Un **arreglo** es un grupo de objetos que se organizan en columnas y filas.

Un **arreglo** muestra el producto de dos factores. Hay 3 filas de 4.
$3 \times 4 = 12$

B

English		Spanish

associative property

The **associative property** says that numbers can be grouped in any way when added or multiplied and the answer is the same.

(12 + 8) + 4 is the same as 12 + (8 + 4) because of the **associative property**.

propiedad asociativa

La **propiedad asociativa** dice que los números se pueden agrupar de cualquier manera cuando se suman o multiplican y la respuesta es la misma.

(12 + 8) + 4 es lo mismo que 12 + (8 + 4) debido a la **propiedad asociativa**.

attribute

An **attribute** is a characteristic or a description, such as size, shape, or color.

The number of sides and angles of the shape is an **attribute**.

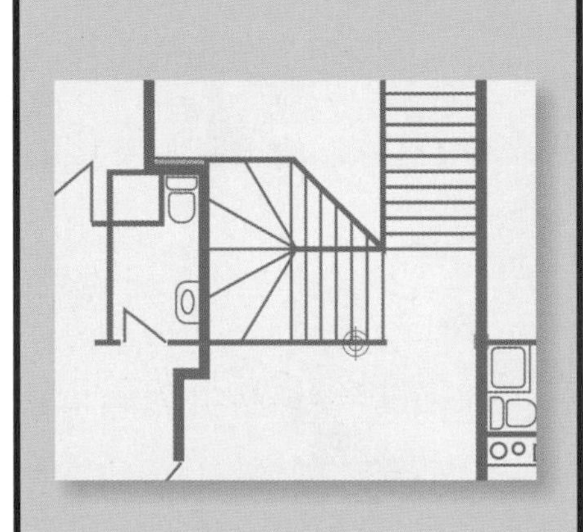

atributo

Un **atributo** es una característica o una descripción, como el tamaño, la forma o el color.

El número de lados y ángulos de una figura es un **atributo**.

bar graph

A **bar graph** compares data sets.

This **bar graph** shows people's favorite animals.

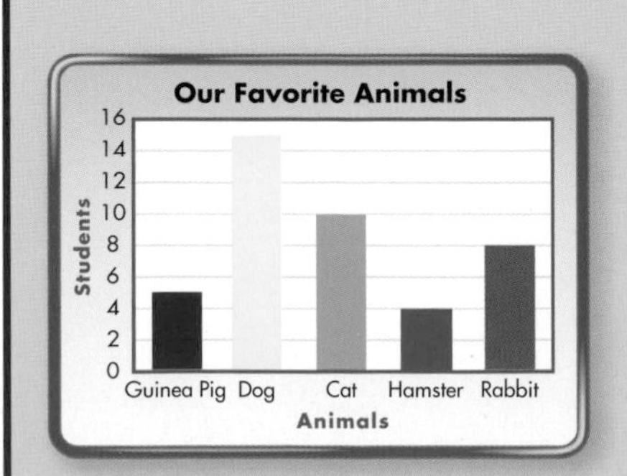

gráfica de barras

Una **gráfica de barras** compara conjuntos de datos.

Esta **gráfica de barras** muestra los animales favoritos de la gente.

English		Spanish
behind **Behind** means in back of. The snake is **behind** the bookshelf.		**detrás** **Detrás** significa en la parte posterior de algo. La serpiente está **detrás** del librero.
below **Below** means under or beneath. The jump rope is **below** the monkey.		**debajo** **Debajo** significa por abajo o por la parte inferior de algo. La cuerda para saltar está **debajo** del mono.
between **Between** means in the middle. Jada is **between** Carlos and Maris.		**entre** **Entre** significa en el medio. Jada está **entre** Carlos y Maris.

B

C

English		Spanish

calendar

A **calendar** is a way to show all of the days of the year.

You can use a **calendar** to tell about your birthday.

calendario

Un **calendario** es una manera de mostrar todos los días del año.

Puedes usar un **calendario** para hablar de tu cumpleaños.

capacity

Capacity is the amount of liquid a container will hold.

The **capacity** of the glass is less than the capacity of the jug.

capacidad

Capacidad es la cantidad de líquido que cabe en un recipiente.

La **capacidad** del vaso es menor a la capacidad del botellón.

cardinal number

A **cardinal number** tells how many.

There are 9 students in the class. 9 is a **cardinal number**.

número cardinal

Un **número cardinal** indica cuántos.

Hay 9 estudiantes en la clase. 9 es un **número cardinal**.

English		Spanish

centimeter

A **centimeter** is a metric unit of measurement used to measure small distances or small lengths.

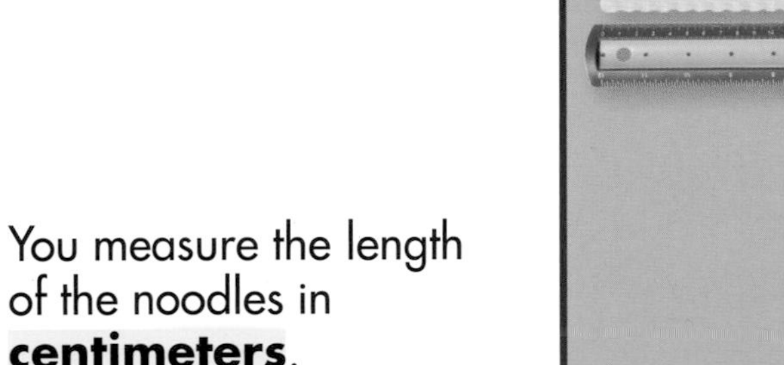

You measure the length of the noodles in **centimeters**.

centímetro

Un **centímetro** es una a unidad métrica de medida que se usa para medir distancias o longitudes pequeñas.

Mides la longitud de los fideos en **centímetros**.

certain

Certain means it is sure that an event will happen.

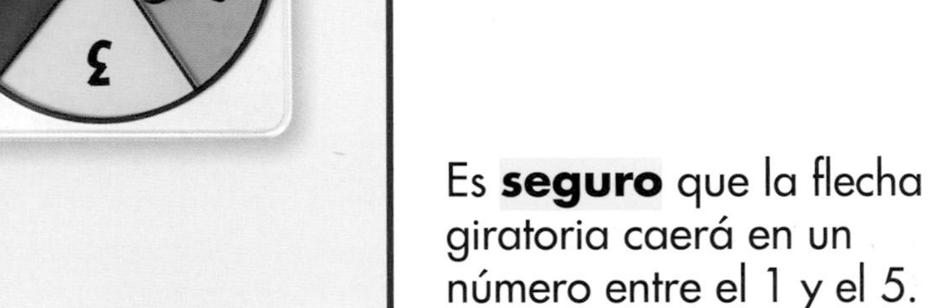

It is **certain** that the pointer will land on a number between 1 and 5.

seguro

Seguro significa que hay la certeza de que un suceso ocurrirá.

Es **seguro** que la flecha giratoria caerá en un número entre el 1 y el 5.

chance

A **chance** that something will happen means it may happen.

What is the **chance** of the boy picking a green marble?

posibilidad

La **posibilidad** de que algo pase significa que puede pasar.

¿Cuál es la **posibilidad** de que el niño escoja una canica verde?

C

C

English		Spanish

check

To **check** is to see if a guess is right.

How many times can you hop in one minute? You can **check** your answer by hopping for one minute.

verificar

Verificar es ver si una suposición es correcta.

¿Cuántas veces puedes saltar en un minuto? Puedes **verificar** tu respuesta contando el número de saltos que puedes dar en un minuto.

circle

A **circle** is a round shape with no sides or corners.

The clock's shape is a **circle**.

círculo

Un **círculo** es una figura redonda sin lados ni esquinas.

La forma del reloj es un **círculo**.

circumference

The distance around a circle is the **circumference**.

You measure around the window to find the **circumference**.

circunferencia

La distancia alrededor de un círculo es la **circunferencia**.

Mides el contorno de la ventana para hallar la **circunferencia**.

C

English		Spanish
clock You use a **clock** to tell time. This **clock** has an hour hand and a minute hand.		**reloj** Usas un **reloj** para decir la hora. Este **reloj** tiene una manecilla para las horas y una manecilla para los minutos.
coin A **coin** is one kind of money. Money can be **coins** or bills.	 	**moneda** Las **monedas** son un tipo de dinero. El dinero puede ser **monedas** o billetes.
commutative property The **commutative property** says that numbers can be added or multiplied in any order and the answer is the same. 12 + 8 is the same as 8 + 12 because of the **commutative property**.	 	**propiedad conmutativa** La **propiedad conmutativa** dice que los números pueden sumarse o multiplicarse en cualquier orden y la respuesta es la misma. 12 + 8 es lo mismo que 8 + 12 debido a la **propiedad conmutativa**.

C

English		Spanish
congruent **Congruent** means having the same size and shape. These windows are **congruent**.		**congruente** **Congruente** significa que tiene el mismo tamaño y la misma forma. Estas ventanas son **congruentes**.
coordinate A **coordinate** is one of two elements that represent a location on a grid. Each stake is a **coordinate**.	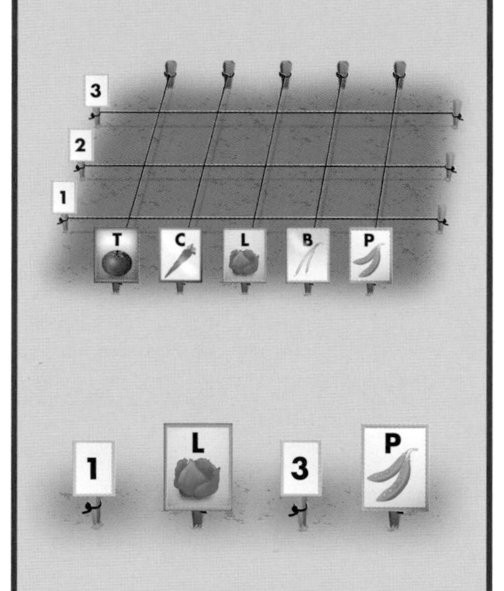	**coordenada** Una **coordenada** es uno de los dos elementos que representan la ubicación en un plano de coordenadas. Cada estaca marca una **coordenada**.
corner A **corner** is where two sides meet. These shapes have **corners**.		**esquina** Una **esquina** es donde se unen dos lados. Estas figuras tienen **esquinas**.

English		Spanish
cube A **cube** is a prism with 6 congruent square faces. This prism is called a **cube**.		**cubo** Un **cubo** es un prisma con 6 caras cuadradas congruentes. Este prisma se llama **cubo**.
cylinder A **cylinder** is a solid shape that has a round tube and circles on the ends. This is a **cylinder**. It can roll.		**cilindro** Un **cilindro** es un cuerpo geométrico que tiene un tubo redondo y círculos en los extremos. Esta lata es un **cilindro**. Puede rodar.
data **Data** are information or numbers. The numbers are **data**.		**datos** Los **datos** son información o números. Los números son **datos**.

What is Your Favorite Sport?

Sport	Tally	Number
Soccer	𝍸 𝍸 ||	12
Baseball	𝍸 |||	8
Basketball	|||	3

C D

D

English		Spanish

day

A **day** lasts 24 hours, from midnight to midnight.

This **day** is Saturday.

September

Sunday	Monday	Tuesday	Wednesday	Thursday	Friday	Saturday
		1	2	3	4	5
6	7	8	9	10	11	12
13	14	15	16	17	18	19
20	21	22	23	24	25	26
27	28	29	30			

día

Un **día** dura 24 horas, de medianoche a medianoche.

Este **día** es sábado.

decimal

A **decimal** is a fraction with a denominator of 10, 100, or 1,000.

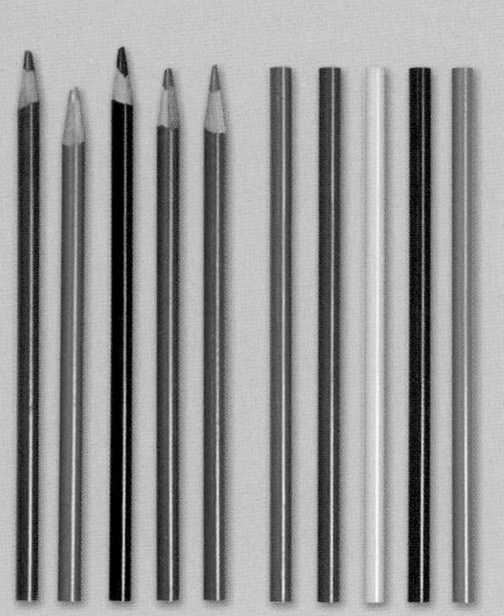

0.5 of the pencils are sharpened.
0.5 is a **decimal**.

decimal

Un **decimal** es una fracción con un denominador de 10, 100, ó 1000.

0.5 de los lápices están afilados.
0.5 es un **decimal**.

decreasing

A **decreasing** pattern shows fewer objects each time.

The cubes show a **decreasing** pattern. There is one less cube in the column each time.

disminuye

Un patrón que **disminuye** muestra cada vez menos objetos.

Los cubos muestran un patrón que **disminuye**. Cada vez, hay un cubo menos en la columna.

English | **Spanish**

denominator

The **denominator** is the bottom number of a fraction that tells how many parts in all.

$\frac{4}{8}$ of the paint jars are open. The bottom number, 8, is the **denominator**.

denominador

El **denominador** es el número de abajo en una fracción; indica cuántas partes hay en total.

$\frac{4}{8}$ de los frascos de pintura están abiertos. El numero de abajo, 8, es el **denominador**.

diagram

A **diagram** is a visual way to display data.

You can make a **diagram** to organize information.

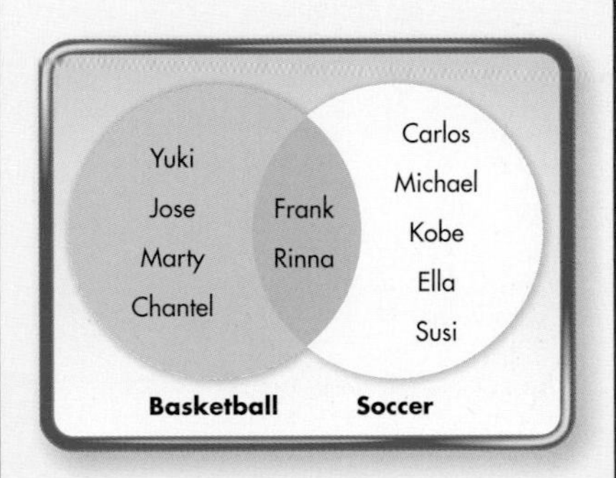

diagrama

Un **diagrama** es una manera visual de mostrar datos.

Puedes hacer un **diagrama** para organizar información.

diameter

The distance across a circle through the center is the **diameter**.

You measure across the window to find the **diameter**.

diámetro

La distancia que divide un círculo a través de su centro es el **diámetro**.

Mides de un lado a otro de la ventana para hallar el **diámetro**.

D

D

English		Spanish
difference The number that is left is the **difference**. 5 penguins − 2 penguins = 3 penguins. 3 is the **difference**.		**diferencia** El número que queda es la **diferencia**. 5 pingüinos − 2 pingüinos = 3 pingüinos. 3 es la **diferencia**.
digit A **digit** is a single numeral. There are 10 **digits**. They are 0, 1, 2, 3, 4, 5, 6, 7, 8, and 9.	0 1 2 3 4 5 6 7 8 9	**dígito** Un **dígito** es un numeral sencillo. Hay 10 **dígitos**. Son 0, 1, 2, 3, 4, 5, 6, 7, 8 y 9.
direction **Direction** tells which way to go. The arrow shows the **direction**.	ONE WAY	**dirección** La **dirección** indica hacia dónde ir. La flecha señala la **dirección**.

English

distance

Distance tells how far.

You walk to go a short **distance**.

Spanish

distancia

La **distancia** indica cuán lejos.

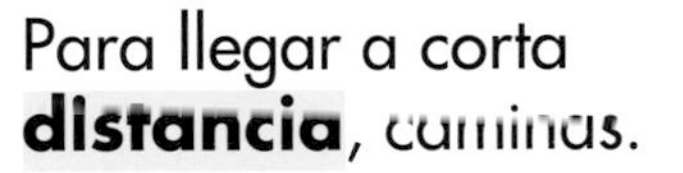

Para llegar a corta **distancia**, caminas.

distributive property

The **distributive property** says that multiplying the sum of numbers by a factor is the same as multiplying each number by that factor and adding the products.

3 × (4 + 2) is the same as (3 × 4) + (3 × 2) because of the **distributive property**.

propiedad distributiva

La **propiedad distributiva** dice que multiplicar la suma de números por un factor es lo mismo que multiplicar cada número por ese factor y sumar los productos.

3 × (4 + 2) es lo mismo que (3 × 4) + (3 × 2) debido a la **propiedad distributiva**.

dividend

The **dividend** is the total amount being divided.

There are 24 pencils in all. 24 is the **dividend**.

dividendo

El **dividendo** es la cantidad total que está siendo dividida.

Hay 24 lápices en total. 24 es el **dividendo**.

D

English		Spanish
division **Division** is separating quantities into equal-sized groups. Use **division** to know how many books to place on each shelf. $54 \div 6 = 9$.		**división** **División** es separar cantidades en grupos de igual tamaño. Usas la **división** para saber cuántos libros poner en cada estante.
divisor The **divisor** is the number of equal groups. Put the same number of pencils in each of the 6 pencil holders. 6 is the **divisor**.	 	**divisor** El **divisor** es el número de grupos iguales. Pon el mismo número de lápices en cada uno de los 6 lapiceros. 6 es el **divisor**.
edge An **edge** is where the faces of a solid figure meet. This prism has 12 **edges**.		**arista** Una **arista** es donde se unen las caras de un cuerpo geométrico. Este prisma tiene 12 **aristas**.

E

English		Spanish
elapsed time **Elapsed time** is the amount of time that has passed from a start time to an end time. One hour is the **elapsed time**.		**tiempo transcurrido** **Tiempo transcurrido** es la cantidad de tiempo que ha pasado entre el tiempo de inicio y el tiempo final. Una hora es el **tiempo transcurrido**.
equation An **equation** is another name for a number sentence. An **equation** has numbers and an equal sign. This equation has a minus sign.	7 − 2 = 5	**ecuación** Una **ecuación** es otro nombre para una expresión numérica. Una **ecuación** tiene números y un signo de igual. Esta ecuación tiene un signo de menos.
equilateral triangle An **equilateral triangle** has 3 equal sides and 3 equal angles. This triangle is an **equilateral triangle**.		**triángulo equilátero** Un **triángulo equilátero** tiene 3 lados iguales y 3 ángulos iguales. Este triángulo es un **triángulo equilátero**.

E

English		Spanish
equivalent **Equivalent** is the same as or equal to. $\frac{4}{10}$, 0.4 and 40% are **equivalent** numbers.		**equivalente** **Equivalente** es lo mismo que o igual a. $\frac{4}{10}$, 0.4 y 40% son números **equivalentes**.
estimate **Estimate** means to make a good guess. **Estimate** how many marbles are in the glass.		**estimación** **Estimación** significa hacer una buena suposición. Haz una **estimación** de cuántas canicas hay en el vaso.
even number An **even number** can be put into two equal groups. 12 is an **even number**.		**número par** Un **número par** puede dividirse en dos grupos iguales. 12 es un **número par**.

E

English		Spanish
extend **Extend** a pattern means to continue the pattern. You **extend** the pattern by planting a row with 6 plants.	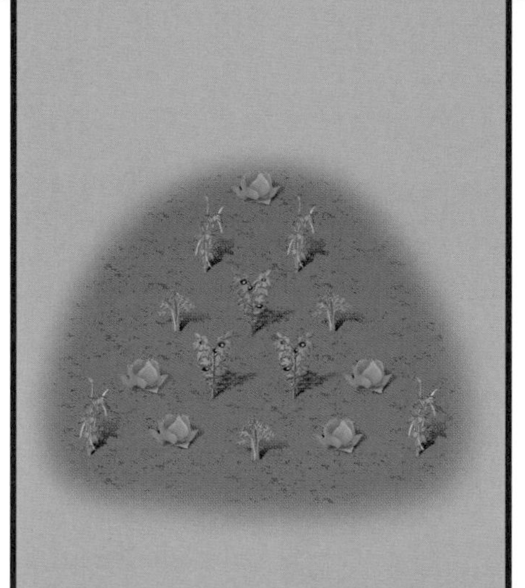	**extender** **Extender** un patrón significa continuar con el patrón. Puedes **extender** el patrón al plantar una fila con 6 plantas.
face A **face** is the flat surface of a solid figure. This prism has 6 **faces**.		**cara** Una **cara** es la superficie plana de un cuerpo geométrico. 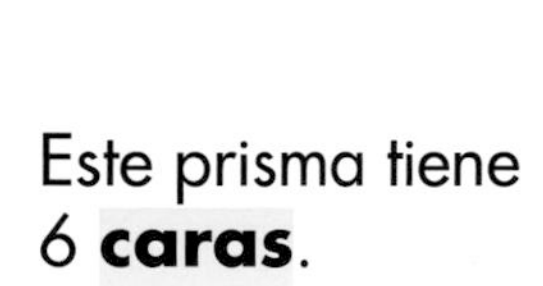 Este prisma tiene 6 **caras**.
factor A **factor** is a number that is multiplied by another number. There are 3 groups of books. Each group has 4 books. 3 and 4 are **factors**.		**factor** Un **factor** es un número que se multiplica por otro número. Hay 3 grupos de libros. Cada grupo tiene 4 libros. 3 y 4 son **factores**.

F

English		Spanish
flip (reflection) A **flip** turns a shape over an imaginary line. One triangle is a **flip** of the other.		**inversión (reflexión)** Una **inversión** voltea una figura sobre una línea imaginaria. Un triángulo es la **inversión** del otro.
foot A **foot** equals 12 inches. Some books are about one **foot** long.		**pie** Un **pie** es igual a 12 pulgadas. Algunos libros miden alrededor de un **pie** de largo.
fraction A **fraction** is a part of a whole or part of a set. $\frac{7}{10}$ of the wells in the paint tray are filled with paint. $\frac{7}{10}$ is a **fraction**.		**fracción** Una **fracción** es una parte de un todo o parte de una serie. $\frac{7}{10}$ de los tinteros de la bandeja tienen tinta. $\frac{7}{10}$ es una **fracción**.

F

English		Spanish

gram

A **gram** is a metric unit of measurement used to measure the mass of small objects.

The meatballs have a mass of 100 **grams**.

gramo

Un **gramo** es una unidad de medida métrica que se usa para medir la masa de objetos pequeños.

Las albóndigas tienen una masa de 100 **gramos**.

graph

A **graph** shows information.

This **graph** has bars.

gráfica

Una **gráfica** muestra información.

Esta **gráfica** tiene barras.

greater than

Greater than means more than.

2 are greater than 1 .

2 apples are **greater than** 1 apple.

mayor que

Mayor que significa más que.

Mira estas manzanas: 2 es **mayor que** 1.

English		Spanish
grid A **grid** is a pattern of horizontal and vertical lines that make equal-sized squares. A **grid** has horizontal and vertical lines.	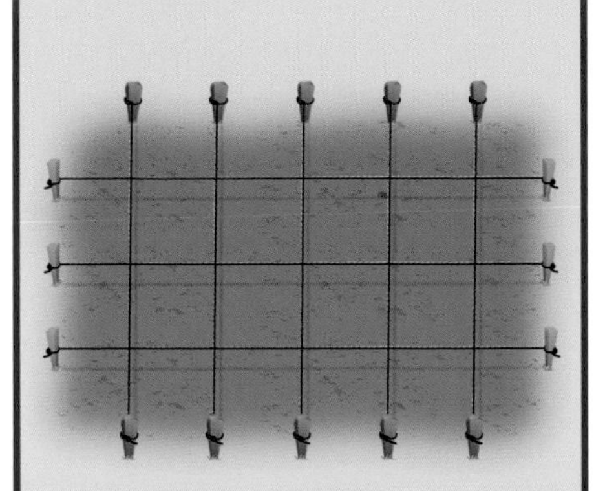	**cuadrícula** Una **cuadrícula** es un patrón de líneas horizontales y verticales que forman cuadrados de igual tamaño. Una **cuadrícula** tiene líneas horizontales y verticales.
group A **group** of objects is a bunch or a pile of objects. These objects are in **groups**.	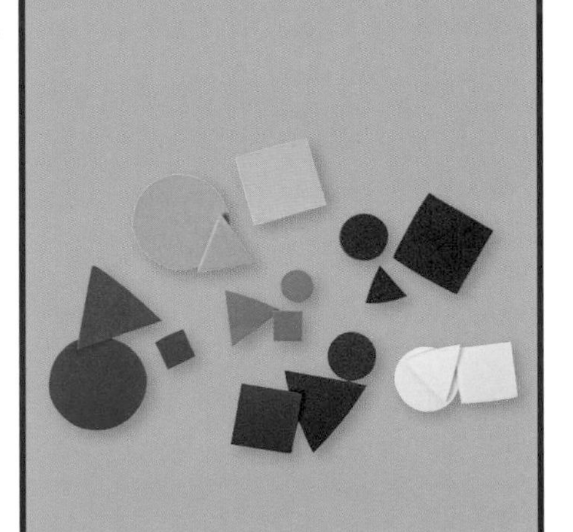	**grupo** Un **grupo** de objetos es un montón o una pila de objetos. Estos objetos están en **grupos**.
guess A **guess** is an idea about an answer. Make a **guess** how many times you can hop in one minute.		**suposición** Una **suposición** es una idea sobre una respuesta. Haz una **suposición**: ¿cuántas veces puedes saltar en un minuto?

G

English		Spanish
height **Height** is how tall an object is. The trees are not the same **height**.		**altura** La **altura** indica cuán elevado es un objeto. Los árboles no tienen la misma **altura**.
histogram A **histogram** shows frequency distributions within intervals. This **histogram** shows how many students read these numbers of books.		**histograma** Un **histograma** muestra una distribución de frecuencias entre intervalos. Este **histograma** indica cuántos estudiantes leyeron esta cantidad de libros.
hour An **hour** is 60 minutes. It takes about one **hour** to wash and dry a dog.		**hora** Una **hora** es 60 minutos. Toma aproximadamente una **hora** bañar y secar a un perro.

H

English		Spanish
improbable **Improbable** means that an event is likely not to happen. Roll a number cube numbered 1 to 6. It is **improbable** that you will roll a number greater than 5.	1 2 3 4 5 6	**improbable** **Improbable** significa que un evento probablemente no pasará. Lanza un dado con números del 1 al 6. Es **improbable** que caiga un número mayor a 5.
impossible **Impossible** means it is sure that an event will never happen. It is **impossible** to spin a number greater than 5 on this spinner.	1 2 3 4 5	**imposible** **Imposible** significa que un evento seguramente nunca pasará. Es **imposible** obtener un número mayor que 5 en esta rueda giratoria.
improper fraction An **improper fraction** is a fraction with a numerator greater than the denominator. There are 5 half-filled jars of paint. $\frac{5}{2}$ is an **improper fraction**.		**fracción impropia** Una **fracción impropia** es una fracción cuyo numerador es mayor que el denominador. Hay 5 frascos de pintura llenos a la mitad. $\frac{5}{2}$ es una **fracción impropia**.

I

English		Spanish

in front of

In front of means closest to the front.

The pail is **in front of** the bookshelf.

enfrente

Enfrente significa delante de algo.

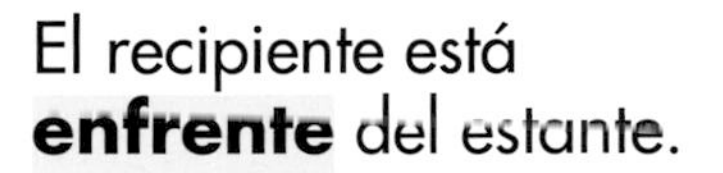

El recipiente está **enfrente** del estante.

inch

An **inch** is a short unit of length.

A quarter is about one **inch** wide.

pulgada

Una **pulgada** es una unidad de longitud corta.

Una moneda de 25 centavos mide alrededor de una **pulgada**.

increasing

An **increasing** pattern shows more objects each time.

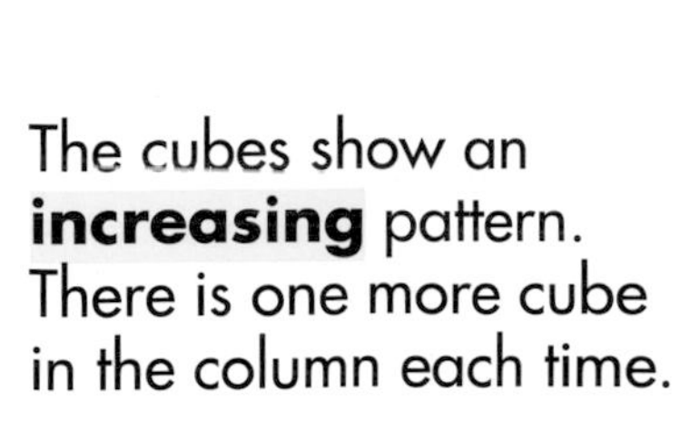

The cubes show an **increasing** pattern. There is one more cube in the column each time.

aumenta

Un patrón que **aumenta** muestra cada vez más objetos.

Los cubos muestran un patrón que **aumenta**. Cada vez, hay un cubo más en la columna.

I

English		Spanish
inside **Inside** means within a space or room. The girls are **inside** the wagon.		**dentro** **Dentro** significa en el interior de un lugar o habitación. Las niñas están **dentro** de la vagoneta.
intersecting lines Lines that cross are **intersecting lines**. Some lines in the painting are **intersecting lines**.		**líneas intersecantes** Las líneas que se cruzan son **líneas intersecantes**. Algunas líneas de la pintura son **líneas intersecantes**.
irrelevant information **Irrelevant information** is facts that you do *not* need to solve a problem. You do not need to know that your aunt will stay at your house. That is **irrelevant information**.		**información irrelevante** La **información irrelevante** son los hechos que *no* necesitas para resolver un problema. No necesitas saber que tu tía se quedará en tu casa. Ésa es **información irrelevante**.

I

English		Spanish
isosceles triangle An **isosceles triangle** has 2 equal sides and 2 equal angles. This triangle is an **isosceles triangle**.		**triángulo isósceles** Un **triángulo isósceles** tiene 2 lados iguales y 2 ángulos iguales. Este triángulo es un **triángulo isósceles**.
kilogram A **kilogram** is a metric unit of measurement that is equal to 1,000 grams. There are 2 **kilograms** of meat on the scale.	=	**kilogramo** Un **kilogramo** es una unidad métrica de medida que es igual a 1,000 gramos. Hay 2 **kilogramos** de carne en la báscula.
left **Left** is a way to go. It is the opposite of right. The girl is pointing **left**.		**izquierda** **Izquierda** es una dirección en la cual ir. Es lo opuesto a la derecha. La niña está señalando hacia la **izquierda**.

L

English		Spanish
length **Length** tells how long an object is. The pencils are not the same **length**.		**longitud** La **longitud** indica cuán largo es un objeto. Los lápices no tienen la misma **longitud**.
less than **Less than** means fewer than. 1 apple is **less than** 2 apples.	1 is less than 2 .	**menor que** **Menor que** significa menos que. Mira estas manzanas: 1 es **menor que** 2.
likely **Likely** means that an event will probably happen. Roll a number cube numbered 1 to 6. It is **likely** you will roll a number greater than 2.	1 2 3 4 5 6	**probable** **Probable** indica que un evento a lo mejor pasará. Lanza un dado con números del 1 al 6. Es **probable** que caiga un numero mayor a 2.

L

English		Spanish

line graph

A **line graph** shows change over time.

Class Attendance
Students Present
30 25 20 15 10 5 0
1 2 3 4 5 8 9 10 11 12
April

This **line graph** shows the class attendance for two weeks.

gráfica lineal

Una **gráfica lineal** indica cambios a lo largo del tiempo.

Esta **gráfica lineal** indica la asistencia del salón durante dos semanas.

liter

A **liter** is a metric unit of measurement used to measure liquids.

The pitcher holds one **liter** of liquid.

litro

Un **litro** es una unidad de medida métrica que se usa para medir líquidos.

El recipiente contiene un **litro** de líquido.

location

Location tells where something is.

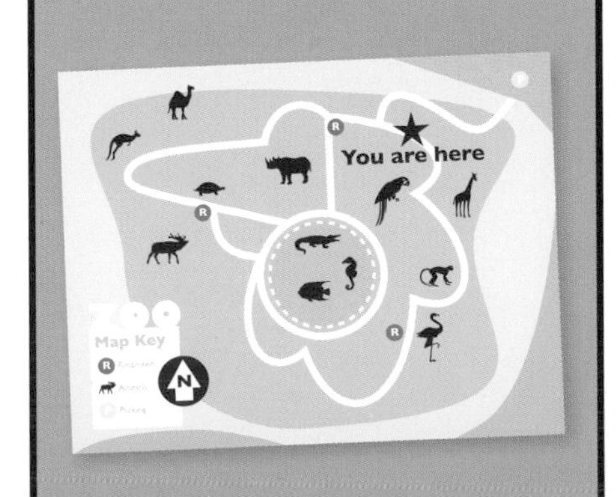

To find something you need to know its **location**.

ubicación

La **ubicación** te indica dónde está algo.

Para hallar algo necesitas conocer su **ubicación**.

L

English		Spanish
mass **Mass** is the amount of matter in an object. You measure **mass** with a scale.		**masa** **Masa** es la cantidad de materia de un objeto. Mides **masa** con una báscula.
mean The **mean** is the average value of a set of numbers. The **mean** of this set of numbers is12.	 	**media** La **media** es el valor promedio de un conjunto de números. La **media** de este conjunto de números es 12.
measurement **Measurement** tells the size or dimension of something. You use tools to take a **measurement**.	 	**medida** La **medida** es el tamaño o dimensión de algo. Usas herramientas para tomar una **medida**.

English		Spanish
measuring cup A **measuring cup** is used to measure liquid amounts. This **measuring cup** has $\frac{1}{2}$ cup of water in it.		**taza para medir** Una **taza para medir** se usa para medir cantidades líquidas. Esta **taza para medir** contiene $\frac{1}{2}$ taza de agua.
median The **median** is the middle number in a set of numbers. 12 is the **median** of this set of numbers.	8, 11, 12, 14, 15	**mediana** La **mediana** es el número de en medio en un conjunto de números. 12 es la **mediana** de este conjunto de números.
meter A **meter** is a metric unit of measurement that is equal to 100 centimeters. You can measure the length of the table in **meters**.		**metro** Un **metro** es una unidad de medida métrica que es igual a 100 centímetros. Puedes medir la longitud de la mesa en **metros**.

English		Spanish
metric system of measurement The **metric system of measurement** is based on units of ten. Centimeters and meters are part of the **metric system of measurement**.		**sistema métrico decimal (de medidas)** El **sistema métrico decimal** se basa en unidades de diez. Los centímetros y los metros son parte del **sistema métrico decimal**.
minus **Minus** means to take away. 3 seals **minus** 1 seal equals 2 seals.		**menos** **Menos** significa quitar. 3 focas **menos** 1 foca es igual a 2 focas.
minute A **minute** is 60 seconds. It takes about two **minutes** to brush your teeth.	  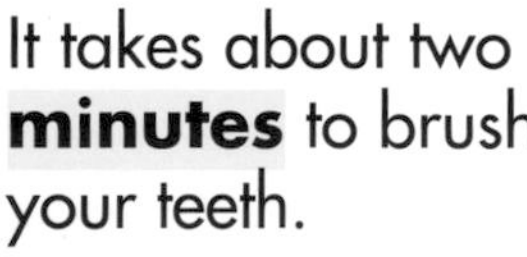	**minuto** Un **minuto** son 60 segundos. Te toma alrededor de 2 **minutos** cepillarte los dientes.

English		Spanish
mixed number A **mixed number** is a number with both a whole number and a fraction. There are $2\frac{1}{2}$ jars of paint. $2\frac{1}{2}$ is a **mixed number**.		**número mixto** Un **número mixto** es el que contiene tanto un número entero como una fracción. Hay $2\frac{1}{2}$ frascos de pintura. $2\frac{1}{2}$ es un **número mixto**.
mode The **mode** is the number that appears most often in a set of numbers. 12 appears 2 times. 12 is the **mode**.	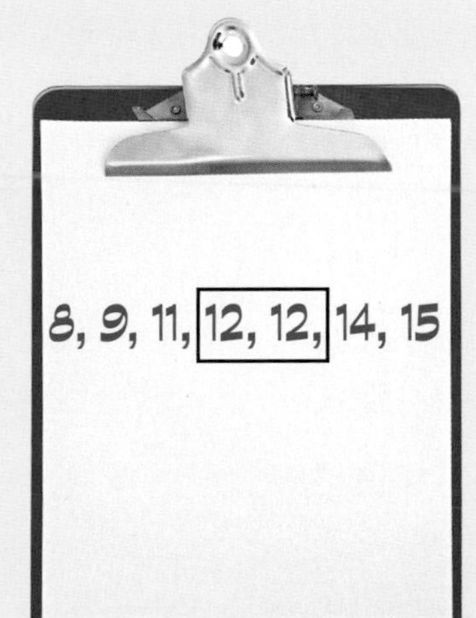 	**moda** La **moda** es el número que aparece con más frecuencia en un conjunto de números dado. 12 aparece 2 veces. 12 es la **moda**.
money **Money** is used to buy something. You use **money** to buy things.		**dinero** El **dinero** se usa para comprar algo. Usas el **dinero** para comprar cosas.

M

English		Spanish
month A **month** has between 28 and 31 days and at least 4 weeks. There are 12 **months** in a year. The first month is January.		**mes** Un **mes** tiene entre 28 y 31 días y por lo menos 4 semanas. Hay 12 **meses** en un año. El primer mes es enero.
multiple A **multiple** of a number has one factor in common with a lesser number. 20, 30, and 40 are **multiples** of 10.		**múltiplo** Un **múltiplo** de un número tiene un factor en común con un número menor. 20, 30 y 40 son **múltiplos** de 10.
multiplication **Multiplication** is counting by equal-sized groups. The books are in equal groups. You can use **multiplication** to find the total number of books.		**multiplicación** La **multiplicación** es contar por grupos del mismo tamaño. Los libros se encuentran en grupos iguales. Puedes usar la **multiplicación** para hallar el número total de libros.

English		Spanish

near

Near means next to or close to.

Emil and Joe are **near** Alana.

cerca

Cerca significa próximo o vecino a algo.

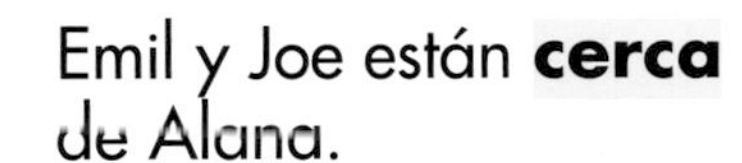

Emil y Joe están **cerca** de Alana.

negative number

A **negative number** is less than zero.

The temperature outside is −5°F. −5 is a **negative number**.

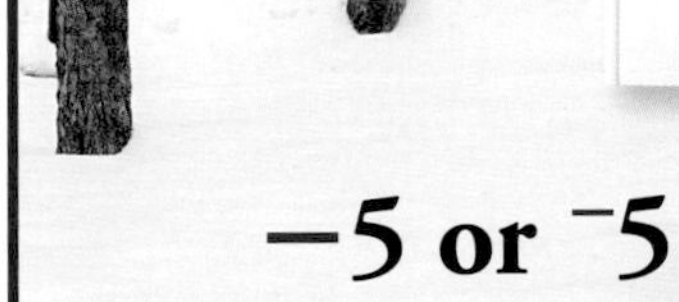

-5 or $^{-}5$

número negativo

Un **número negativo** es menor que cero.

La temperatura en el exterior es de −5°F. −5 es un **número negativo**.

nonstandard unit

A **nonstandard unit** is a unit of measure that is not always the same size.

Chain links are **nonstandard units** of measure.

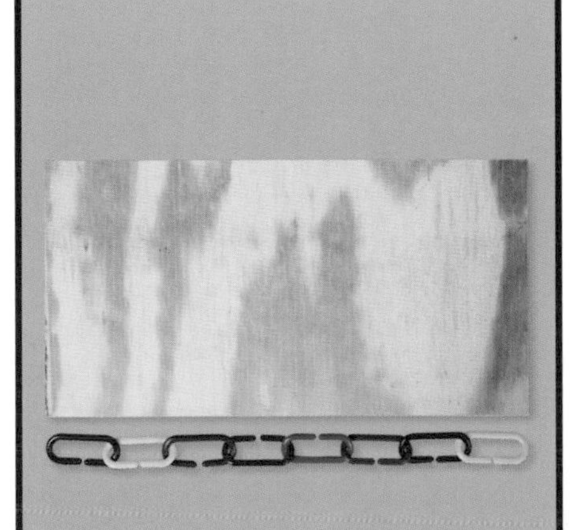

unidad no estándar

Una **unidad no estándar** es una unidad de medida que no siempre es del mismo tamaño.

Los eslabones de una cadena son **unidades no estándares** de medida.

N

English

number

A **number** tells how many or how much.

You can use **numbers** to count the marbles. 1, 2, 3, 4, 5, 6 . . .

number line

A **number line** can tell how many.

This **number line** shows the numbers 1 to 10.

number sentence

A **number sentence** has numbers joined by operation signs and an equal sign.

A **number sentence** has numbers and an equal sign. This number sentence has a plus sign.

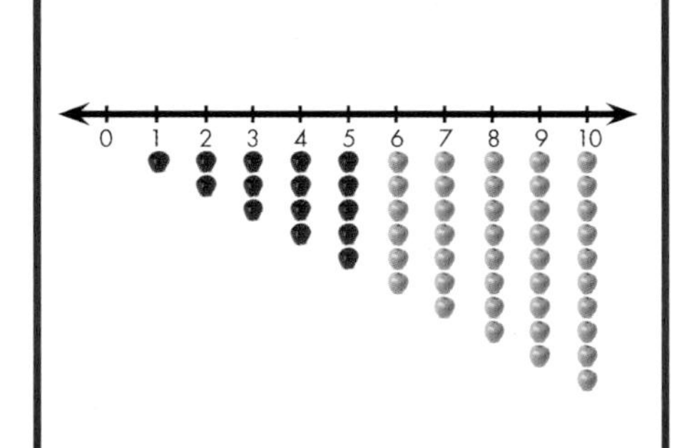

Spanish

número

Un **número** indica cuánto o cuántos.

Puedes usar **números** para contar canicas. 1, 2, 3, 4, 5, 6 . . .

recta numérica

Una **recta numérica** puede mostrar cuántos.

Esta **recta numérica** muestra los números del 1 al 10.

expresión numérica

Una **expresión numérica** tiene números que se unen con signos de operación y con un signo de igual.

Una **expresión numérica** tiene números y un signo de igual. Esta expresión numérica tiene un signo de más.

N

English		Spanish

numeral

A **numeral** is a word or symbols to show a number.

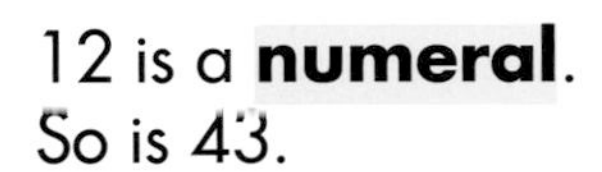

12 is a **numeral**. So is 43.

numeral

Un **numeral** se compone de una palabra o de símbolos que muestran un número.

12 es un **numeral**. También lo es 43.

numerator

The **numerator** is the top number of a fraction that tells how many parts are needed.

$\frac{4}{8}$ of the paint jars are open. The top number, 4, is the **numerator**.

numerador

El **numerador** es el número de encima en una fracción; indica cuántas partes se necesitan.

$\frac{4}{8}$ de los frascos de pintura están abiertos. El número de arriba, 4, es el **numerador**.

numeric

A **numeric** pattern uses numbers to make a pattern.

These cubes show a **numeric** pattern.

numérico

Un patrón **numérico** usa números para formar un patrón.

Estos cubos muestran un patrón **numérico**.

O

English		Spanish
obtuse angle An **obtuse angle** is greater than a right angle. This is an **obtuse angle**. It is bigger than a square corner.		**ángulo obtuso** Un **ángulo obtuso** es mayor que un ángulo recto. Este es un **ángulo obtuso**. Es más grande que la esquina de un cuadrado.
odd number An **odd number** cannot be put into two equal groups. 11 is an **odd number**.		**número impar** Un **número impar** no puede dividirse en dos grupos iguales. 11 es un **número impar**.
order of operations The **order of operations** is a set of rules to follow when you solve an equation with more than one operation. There is a special **order of operation** to follow.	1. Do operations inside parentheses. 2. Do multiplication and division. 3. Do any addition and subtraction, working from left to right.	**orden de las operaciones** El **orden de las operaciones** es un conjunto de reglas que se deben seguir para resolver una ecuación que tiene más de una operación. Existe un **orden de operación** especial a seguir.

English | **Spanish**

O

ordered pair

An **ordered pair** is a pair of coordinates written in the form (x, y).

One carrot plant is at (C, 2). (C, 2) is an **ordered pair**.

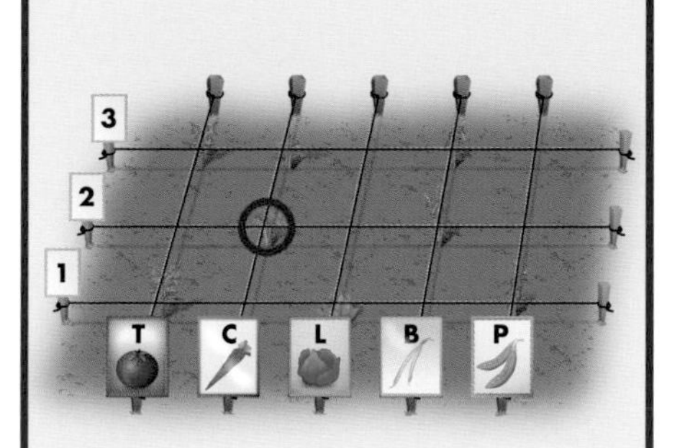

par ordenado

Un **par ordenado** es un par de coordenadas escritas bajo la forma (x, y).

Hay una planta de zanahoria en (C, 2). (C, 2) es un **par ordenado**.

ordinal number

An **ordinal number** tells what position.

The girl with the blue shirt is third in line. Third is an **ordinal number**.

número ordinal

Un **número ordinal** señala en qué posición.

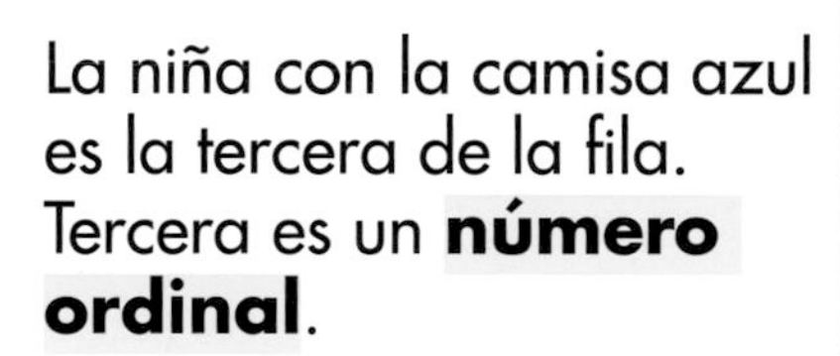

La niña con la camisa azul es la tercera de la fila. Tercera es un **número ordinal**.

outcome

The **outcome** is what actually happens.

The **outcome** of the coin flip is heads.

resultado

El **resultado** es lo que realmente pasa.

El **resultado** del tiro de moneda fue cara.

P

English		Spanish

outside

Outside means not inside.

The boy is **outside** the wagon.

fuera

Fuera es lo contrario de dentro.

El niño está **fuera** de la vagoneta.

parallel lines

Lines that never cross are **parallel lines**.

Parallel lines are always the same distance apart.

líneas paralelas

Líneas que nunca se cruzan son **líneas paralelas**.

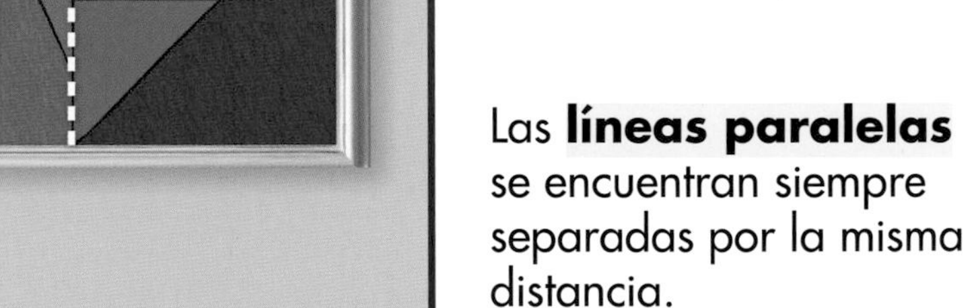

Las **líneas paralelas** se encuentran siempre separadas por la misma distancia.

parallelogram

A **parallelogram** is a quadrilateral with 2 sets of equal sides. The opposite sides are parallel.

This quadrilateral is a **parallelogram**.

paralelogramo

Un **paralelogramo** es un cuadrilátero con 2 conjuntos de lados iguales. Sus lados opuestos son paralelos.

Este cuadrilátero es un **paralelogramo**.

English		Spanish

pattern

A **pattern** is a way to arrange objects or numbers.

The counters show a **pattern**.

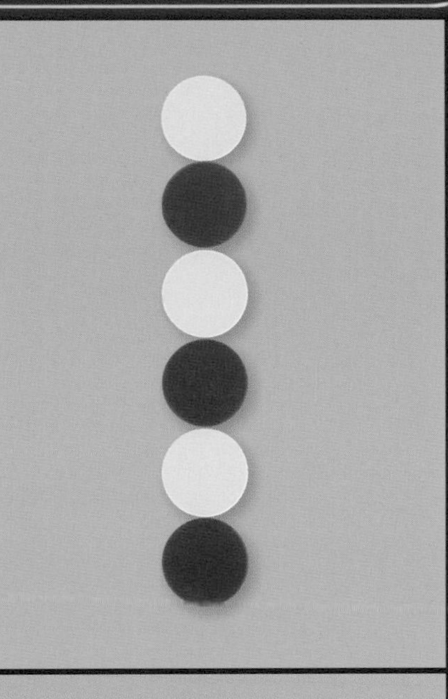

patrón

Un **patrón** es una manera de arreglar objetos o números.

Las fichas muestran un **patrón**.

percent

A **percent** is a fraction with a denominator of 100. The symbol, %, is after the number.

42 **percent**, or 42%, of the squares are colored.

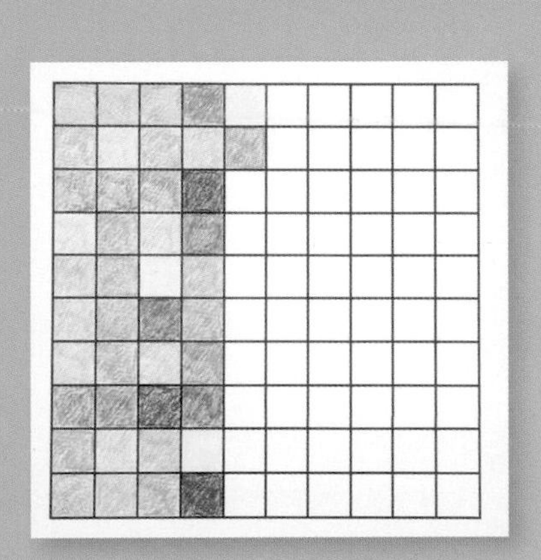

porcentaje

Un **porcentaje** es una fracción con un denominador de 100. Se pone el símbolo % después del número.

42% de los cuadrados están coloreados. El **porcentaje** es 42.

perimeter

Perimeter is the distance around a shape that has all straight sides.

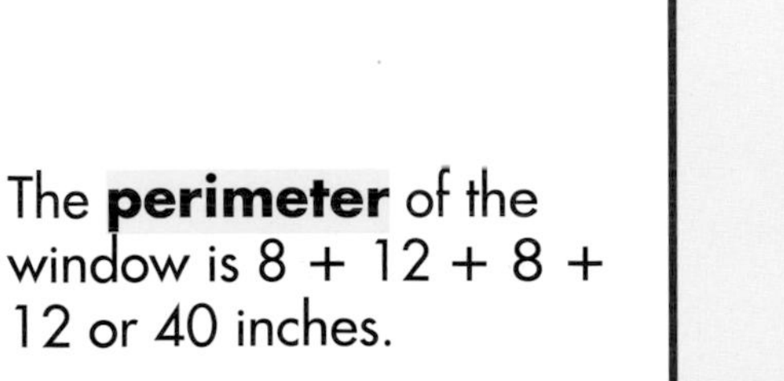

The **perimeter** of the window is 8 + 12 + 8 + 12 or 40 inches.

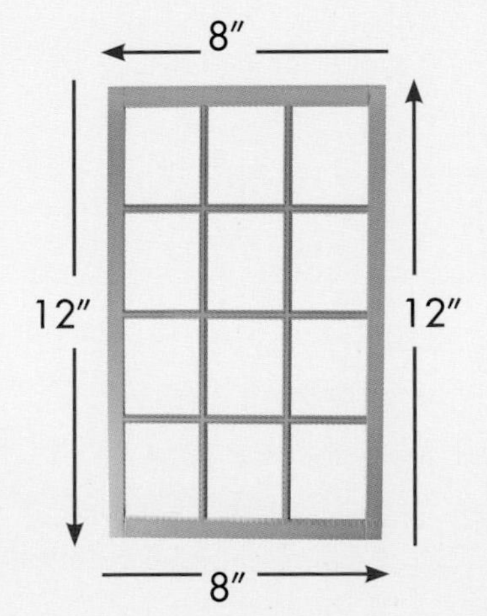

perímetro

El **perímetro** es la distancia que rodea una figura que tiene todos sus lados rectos.

El **perímetro** de la ventana es de 8 + 12 + 8 + 12 ó 40 pulgadas.

P

P

English | **Spanish**

perpendicular lines

Intersecting lines that make square corners where they cross are **perpendicular lines**.

Some intersecting lines are **perpendicular lines**.

líneas perpendiculares

Las líneas intersecantes que forman esquinas cuadradas en el punto en que se cruzan son **líneas perpendiculares**.

Algunas líneas intersecantes son **líneas perpendiculares**.

pie chart

A **pie chart** is a circle chart with sections to show parts of a whole.

A **pie chart** is divided into sections. Each section is a part of a whole.

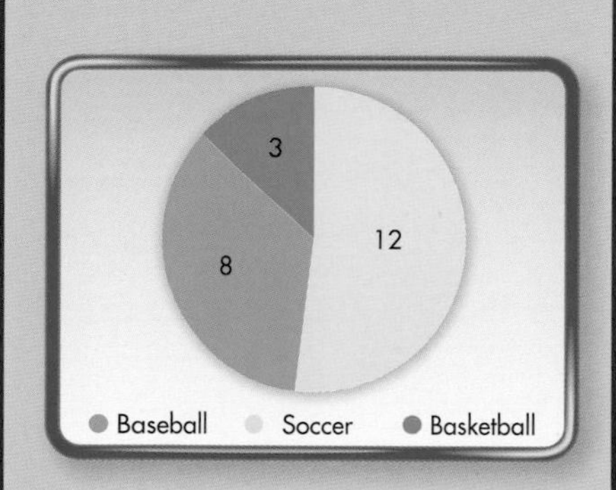

gráfica circular

Una **gráfica circular** es una gráfica redonda con secciones que muestran las partes de un todo.

Una **gráfica circular** está dividida en secciones. Cada sección es parte de un entero.

place value

Place value is the value of a digit according to its place in a number.

Place value helps you know the value of each digit in a number.

Hundred thousands	Ten thousands	Thousands	Hundreds	Tens	Ones
1	5	2	1	6	3

valor posicional

El **valor posicional** es el valor de un dígito de acuerdo al lugar que ocupa en un número.

El **valor posicional** te ayuda a conocer el valor de cada dígito en un número.

English		Spanish
plane A **plane** is a flat surface. These shapes in the painting are on the same **plane**.	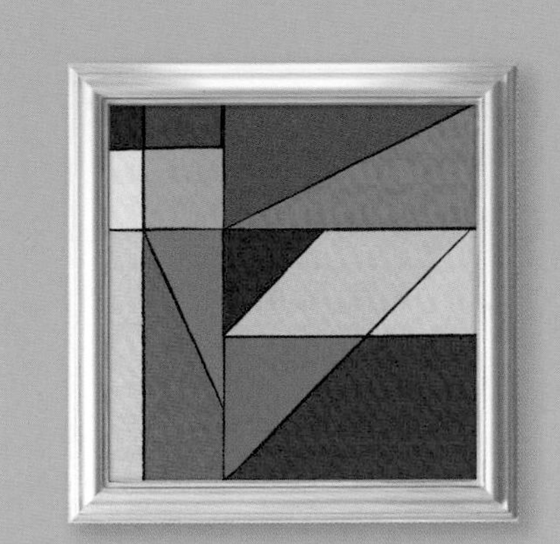	**plano** Un **plano** es una superficie plana. Estas figuras de la pintura están en el mismo **plano**.
plus **Plus** means to add. 2 penguins **plus** 3 penguins equals 5 penguins.	 + 	**más** **Más** significa sumar. 2 pingüinos **más** 3 pingüinos es igual a 5 pingüinos.
polygon A **polygon** is a flat shape that has at least 3 straight sides. All of the shapes in the painting are **polygons**.		**polígono** Un **polígono** es una figura plana que tiene al menos 3 lados rectos. Todas las figuras de la pintura son **polígonos**.

P

P

English		Spanish
positive number A **positive number** is greater than zero. The temperature is 68°F. 68 is a **positive number**.		**número positivo** Un **número positivo** es mayor que cero. La temperatura es de 68°F. 68 es un **número positivo**.
pound A **pound** is used to measure weight. This grapefruit weighs about 1 **pound**.		**libra** Una **libra** se usa para medir peso. Esta toronja pesa aproximadamente una **libra**.
prediction A **prediction** is a good guess about what will happen. You can make a **prediction** about which side will land up.	 ? 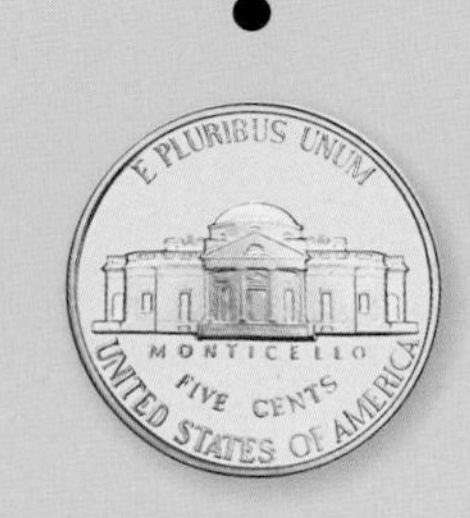	**pronóstico** Un **pronóstico** es una buena suposición acerca de lo que pasará. Puedes hacer un **pronóstico** acerca de qué lado quedará hacia arriba.

English		Spanish
prime number A **prime number** has only 2 factors, 1 and the number itself. 11 is a **prime number**. It has only 2 factors, 11 and 1.		**número primo** Un **número primo** tiene sólo 2 factores, 1 y el número mismo. 11 es un **número primo**. Tiene sólo 2 factores, 11 y 1.
prism A **prism** is a 3-dimensional shape with congruent parallel bases and rectangular faces that connect the bases. These solids are **prisms**.		**prisma** Un **prisma** es una figura tridimensional con bases paralelas congruentes y caras rectangulares que conectan las bases. Estos cuerpos geométricos son **prismas**.
probability **Probability** is the chance, or how likely it is, that something will happen. What is the chance or **probability** of the pointer landing on 5?		**probabilidad** La **probabilidad** es lo factible de que algo suceda. ¿Cuál es la posibilidad o **probabilidad** de que la flecha giratoria se detenga en 5?

P

English | Spanish

P

process of elimination

Process of elimination is a way to cross out answer choices that are not the solution.

You can use the **process of elimination** to solve the problem.
3 and 4 are too few.
6 and 7 are too many.

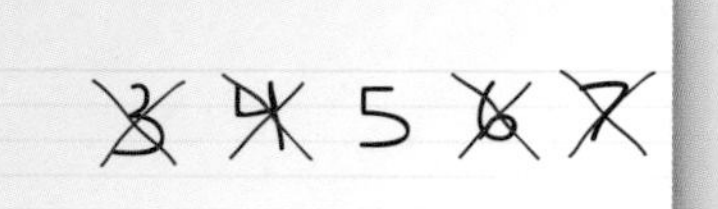

proceso de eliminación

El **proceso de eliminación** es un sistema para quitar las opciones que no son la solución.

Puedes usar el **proceso de eliminación** para resolver un problema.
3 y 4 son muy poco.
6 y 7 son demasiados.

product

The **product** is the answer to a multiplication equation.

There are 12 books in all.
12 is the **product** of 3 and 4.

producto

El **producto** es la respuesta a una ecuación de multiplicación.

Hay 12 libros en total.
12 es el **producto** de 3 y 4.

pyramid

A **pyramid** is a solid figure that has one base and triangular faces.

This is a square **pyramid**.

pirámide

Una **pirámide** es un cuerpo geométrico con una base y caras triangulares.

Ésta es una **pirámide** cuadrada.

English		Spanish
quadrilateral A **quadrilateral** is a flat shape with 4 corners and 4 straight sides. This polygon is a **quadrilateral**.	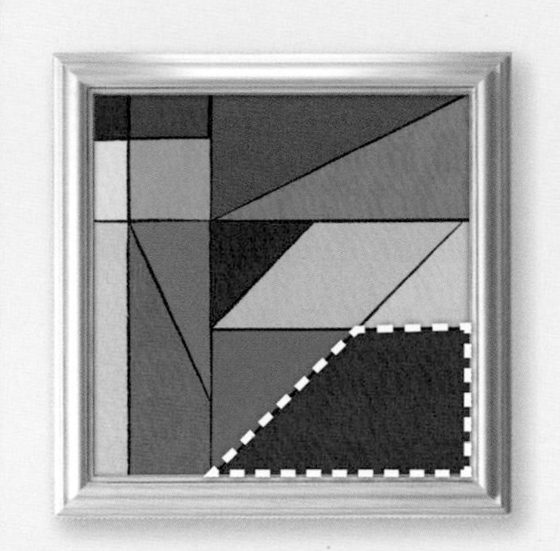	**cuadrilátero** Un **cuadrilátero** es una figura plana que tiene 4 esquinas y 4 lados rectos. Este polígono es un **cuadrilátero**.
quotient The **quotient** is the number in each group. Each pencil holder has 4 pencils. 4 is the **quotient**.	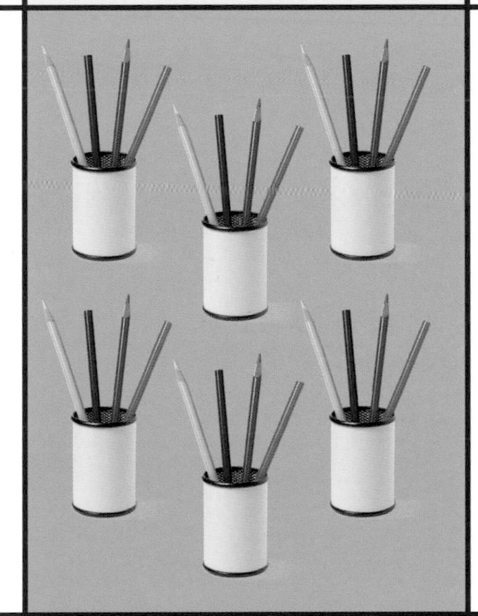	**cociente** El **cociente** es el número en cada grupo. 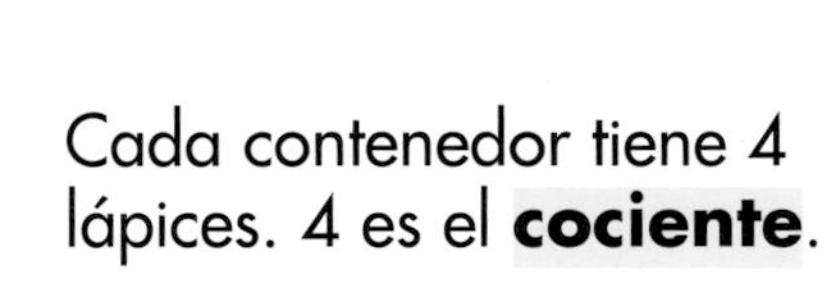 Cada contenedor tiene 4 lápices. 4 es el **cociente**.
radius The distance from the center of a circle to the edge is the **radius**. You measure from the center to the edge of the window to find the **radius**.	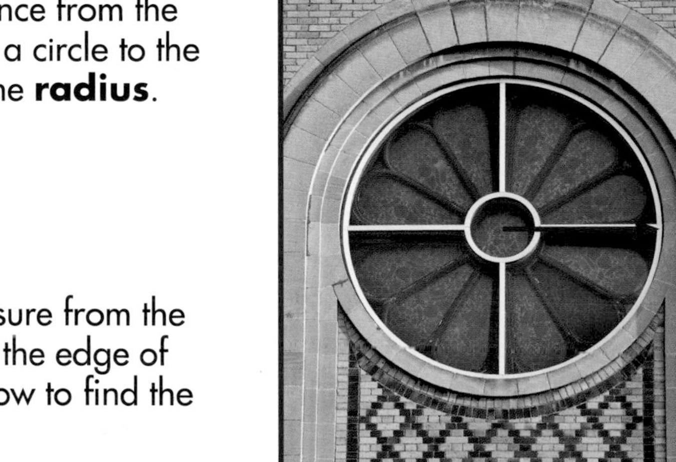	**radio** La distancia desde el centro de un círculo hasta su borde es el **radio**. Mides de centro al borde de la ventana para hallar el **radio**.

R

English		Spanish
ray A **ray** is a line with one endpoint. An angle is made of 2 **rays**.		**semirrecta** Una **semirrecta** es una línea recta que tiene un punto en uno de sus extremos. Un ángulo está hecho de 2 **semirrectas**.
rectangle A **rectangle** has 4 corners and 4 sides. The board is a **rectangle**.		**rectángulo** Un **rectángulo** tiene 4 esquinas y 4 lados. El pizarrón es un **rectángulo**.
rectangular prism A **rectangular prism** is a prism with two congruent rectangular bases. This is a **rectangular prism**.		**prisma rectangular** Un **prisma rectangular** es un prisma que tiene 2 bases rectangulares congruentes. Éste es un **prisma rectangular**.

R

English		Spanish
relevant information **Relevant information** is facts that you *need* to solve a problem. Write the information you need, or the **relevant information**, to solve the problem.		**información relevante** La **información relevante** son hechos que *necesitas* para resolver un problema. Escribe la información que necesitas o **información relevante** para resolver el problema.
remainder The **remainder** is the amount left over after dividing a quantity into equal groups. 7 books are in each group. One book is left. The **remainder** is 1.	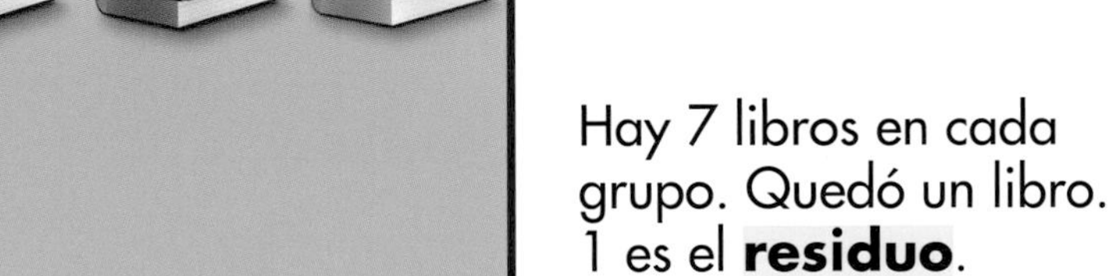	**residuo** El **residuo** es lo que queda después de dividir una cantidad en grupos iguales. Hay 7 libros en cada grupo. Quedó un libro. 1 es el **residuo**.
repeating pattern A **repeating pattern** shows objects or numbers that repeat in a regular way. The flowers show a **repeating pattern**.		**patrón que se repite** Un **patrón que se repite** muestra objetos o números que se repiten de manera regular. Las flores muestran un **patrón que se repite**.

R

English		Spanish
restate the problem To **restate the problem** is to say the problem again. Say or write the problem again. You can **restate the problem**.	There are 27 people. There are 5 tables. How many people are at each table?	**replantear el problema** **Replantear el problema** es decir el problema otra vez. Di o escribe el problema otra vez. Puedes **replantear el problema**.
rhombus A **rhombus** is a quadrilateral with 4 equal sides.  The quadrilateral is a **rhombus**.		**rombo** Un **rombo** es un cuadrilátero que tiene 4 lados iguales. El cuadrilátero es un **rombo**.
right **Right** is a way to go. It is the opposite of left. The girl is pointing **right**.		**derecha** **Derecha** es una dirección en la cual ir. Es lo opuesto de izquierda. La niña está señalando hacia la **derecha**.

R

English

right angle

A **right angle** makes a square corner.

This is a **right angle**.
It is the same as a square corner.

Spanish

ángulo recto

Un **ángulo recto** es uno que forma una esquina cuadrada.

Éste es un **ángulo recto**.
Es igual a la esguina de un cuadrado.

round

To **round** a number is to change some of the digits in a number to zero.

Place value helps you **round** numbers.

Hundred thousands	Ten thousands	Thousands	Hundreds	Tens	Ones
1	5	2	1	6	3
1	5	2	0	0	0

redondear

Redondear un número es cambiar por cero algunos de los dígitos de un número.

El valor posicional te ayuda a **redondear** números.

ruler

A **ruler** is a tool used to measure length.

You use a **ruler** to measure the length of the rope.

regla

Una **regla** es una herramienta que se usa para medir longitud.

Usas una **regla** para medir la longitud de la cuerda.

English		Spanish

scale

A **scale** is a tool used to measure weight.

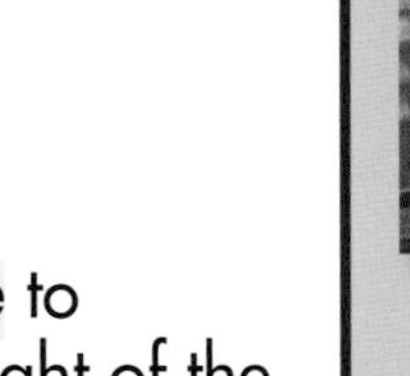

You use a **scale** to measure the weight of the birdseed.

báscula

Una **báscula** es una herramienta que se usa para medir peso.

Usas una **báscula** para medir el peso de las semillas para aves.

second

A **second** is a very short unit of time.

It takes about one **second** to turn off the light.

segundo

Un **segundo** es una unidad de tiempo muy corta.

Toma alrededor de un **segundo** apagar la luz.

set

A **set** is a group of objects or information.

School Bake Sale

Shanna sold **4** pies.

Bob sold **6** pies.

Tito sold **3** pies.

Heidi sold **5** pies.

Look at this **set** of information.

conjunto

Un **conjunto** es un grupo de objetos o de información.

Obesrva este **conjunto** de informaciones.

English		Spanish
side A **side** is an edge of a shape. This sign has 3 **sides**.		**lado** Un **lado** es la arista de una figura. Esta señal tiene 3 **lados**.
similar **Similar** means having the same shape and same angle measurements but not the same size. These windows on the house are **similar**.		**similar** **Similar** significa que tiene la misma forma y la misma modida del ángulo, pero no el mismo tamaño. Estas dos ventanas de la casa son **similares**.
slide A **slide** moves a shape to a different place. One triangle is a **slide** of the other.	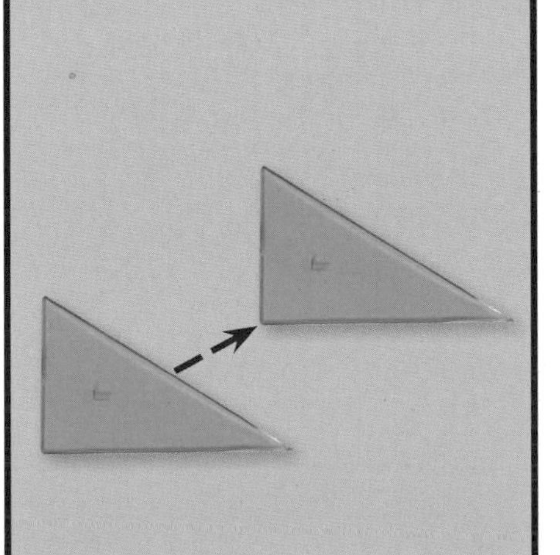	**traslación** Una **traslación** mueve una figura a un lugar diferente. Uno de los triángulos es la **traslación** del otro.

S

English		Spanish
sort **Sort** means to put objects that are the same together. You can **sort** objects by shape.		**clasificar** **Clasificar** significa agrupar los objetos que son iguales. Puedes **clasificar** objetos por su forma.
sphere A **sphere** is a solid shape that is a perfectly round ball. This is a **sphere**. It has no faces. It can roll.		**esfera** Una **esfera** es un cuerpo geométrico que es una bola perfectamente redonda. Ésta es una **esfera**. No tiene caras. Puede rodar.
square A **square** has 4 corners and 4 equal sides. The checkerboard is a **square**.	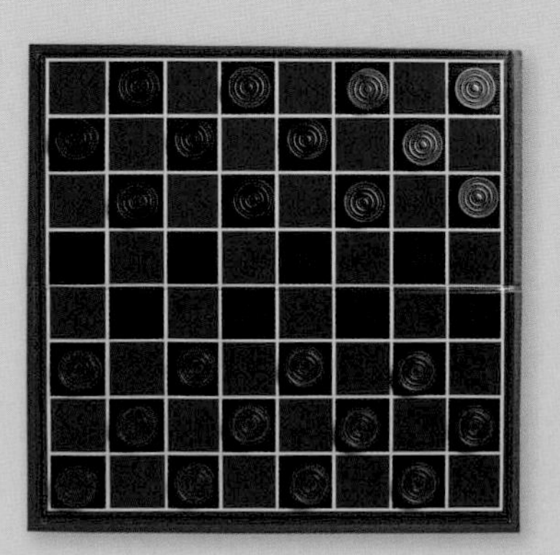	**cuadrado** Un **cuadrado** tiene 4 esquinas y 4 lados iguales. El tablero es un **cuadrado**.

S

English		Spanish

standard unit

A **standard unit** is a unit of measure that is always the same size.

Inches and feet are **standard units** of measure.

unidad estándar

Una **unidad estándar** es una unidad de medida que siempre es del mismo tamaño.

Las pulgadas y los pies son **unidades estándar** de medida.

subtraction

Subtraction means to take some away.

You use **subtraction** to show that some are gone.

resta

La **resta** significa quitar algunos.

Usas la **resta** para mostrar que algunos ya no están.

sum

The total of addition is the **sum**.

2 bears + 1 bear = 3 bears. 3 is the **sum**.

suma

El total de la adición es la **suma**.

2 osos + 1 oso = 3 osos. 3 es la **suma**.

S

English | **Spanish**

survey

A **survey** is a way to collect information using questions.

You can ask people some questions. You can take a **survey**.

What's your favorite sport?

Allen baseball
Maya soccer
Filipe baseball
Carolyn basketball
Jung Hyun soccer
Greta baseball

encuesta

Una **encuesta** es una manera de reunir información con el uso de preguntas.

Puedes hacer algunas preguntas a la gente. Puedes hacer una **encuesta**.

symmetry

Symmetry means the halves of an object are exactly the same.

The house has **symmetry**. One side of the house is exactly the same as the other side.

simetría

Simetría significa que las mitades de un objeto son exactamente iguales.

La casa tiene **simetría**. Un lado de la casa es exactamente igual al otro lado.

table

A **table** is a way to organize facts.

You can make a **table**.

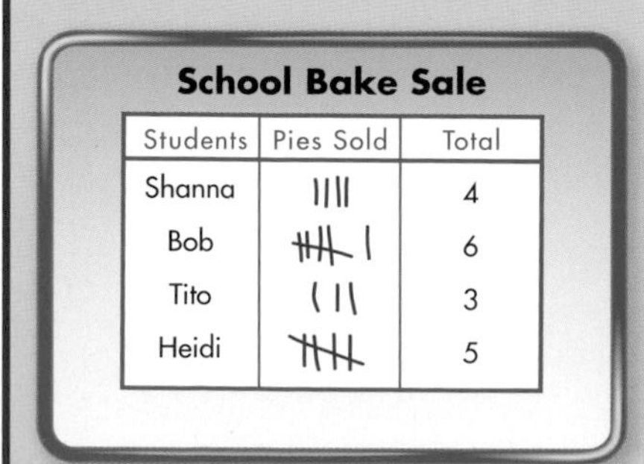

School Bake Sale

<table>
<tr><th>Students</th><th>Pies Sold</th><th>Total</th></tr>
<tr><td>Shanna</td><td>||||</td><td>4</td></tr>
<tr><td>Bob</td><td>卌 |</td><td>6</td></tr>
<tr><td>Tito</td><td>|||</td><td>3</td></tr>
<tr><td>Heidi</td><td>卌</td><td>5</td></tr>
</table>

tabla

Una **tabla** es una manera de organizar datos.

Puedes hacer una **tabla**.

English	Spanish

tally chart

A **tally chart** is a way to record the answers to questions.

What is Your Favorite Sport?

Sport	Tally	Number
Soccer	𝍸 𝍸 ||	12
Baseball	𝍸 |||	8
Basketball	|||	3

You can record your counts in a **tally chart**.

tablero de conteo

Un **tablero de conteo** es una manera de registrar las respuestas a las preguntas.

Puedes registrar tus cuentas en un **tablero de conteo**.

temperature

Temperature tells how hot or how cold something is.

The **temperature** outside is cold.

temperatura

La **temperatura** indica qué tan caliente o qué tan frío está algo.

La **temperatura** afuera es fría.

trial and error

Trial and error is trying different answers to a problem to find the solution.

You use **trial and error** to solve the problem.
Try 3. 3 is not enough.

ensayo y error

Ensayo y error es probar diferentes respuestas en un problema para hallar la solución.

Puedes usar **ensayo y error** para resolver el problema.
Intenta 3. 3 no es suficiente.

English		Spanish
triangle A **triangle** has three corners and three sides. The flag is a **triangle**.	STATE	**triángulo** Un **triángulo** tiene tres aristas y tres lados. El banderín es un **triángulo**.
turn (rotation) A **turn** moves a shape around a middle point. One triangle is a **turn** of the other.		**giro (rotación)** Un **giro** mueve una figura en torno de un punto medio. Uno de los triángulos es un **giro** del otro.
under **Under** means below or beneath. The girl is **under** the umbrella.		**abajo** **Abajo** significa en un lugar inferior. La niña está **abajo** de la sombrilla.

U

English		Spanish

unit conversion

Unit conversion is changing one unit of measure to another.

You do a **unit conversion** to change from inches to feet.

conversión de unidades

La **conversión de unidades** es cambiar una unidad de medida por otra.

Haces una **conversión de unidades** al cambiar de pulgadas a pies.

U.S. customary system of measurement

Measurements used in the United States are part of the **U.S. customary system of measurement**.

Inches and feet are part of the **U.S. customary system of measurement**.

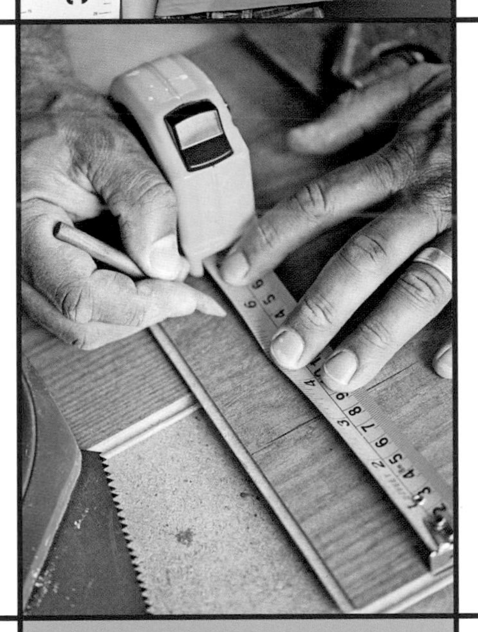

sistema usual de medidas de Estados Unidos

Las medidas usadas en Estados Unidos son parte del **sistema usual de medidas de Estados Unidos**.

Las pulgadas y los pies son parte del **sistema usual de medidas de Estados Unidos**.

Venn diagram

A **Venn diagram** compares two or more sets of data.

A **Venn diagram** shows what two data sets have in common.

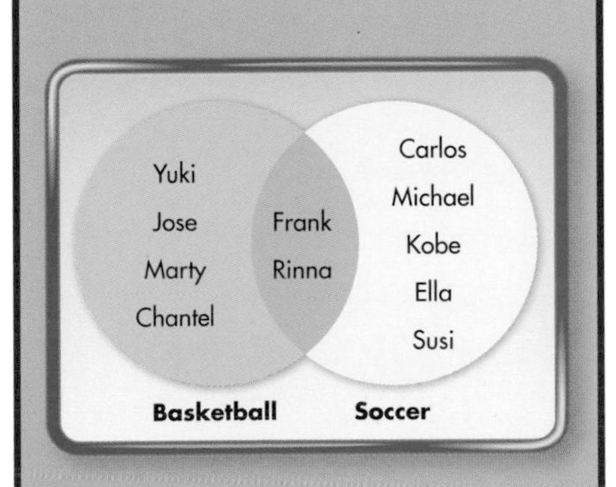

diagrama de Venn

Un **diagrama de Venn** compara dos o más conjuntos de datos.

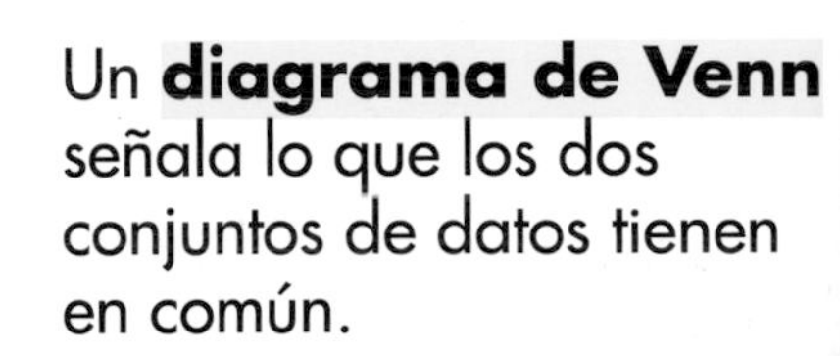

Un **diagrama de Venn** señala lo que los dos conjuntos de datos tienen en común.

V

English		Spanish
vertex The **vertex** is the point where the rays of an angle meet. The 2 rays meet at the **vertex**.		**vértice** El **vértice** es el punto en que se encuentran las semirrectas de un ángulo. Las 2 semirrectas se unen en un **vértice**.
volume **Volume** is how much a container holds. The **volume** of the fish tank is equal to many cups of water.		**volumen** El **volumen** es cuánto puede contener un recipiente. El **volumen** de la pecera es igual a muchas tazas de agua.
week A **week** has 7 days. A **week** starts on Sunday and ends on Saturday.	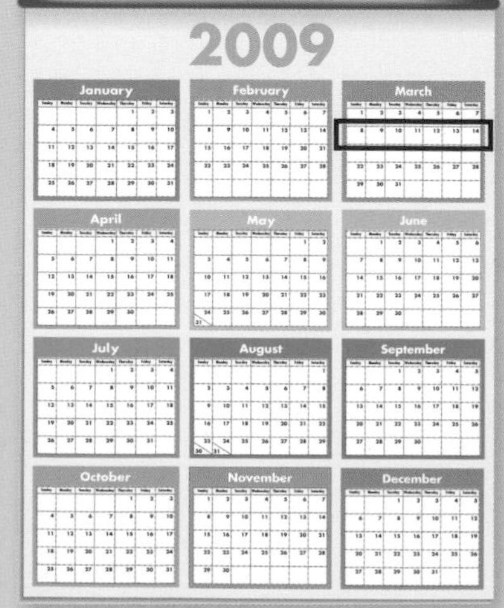	**semana** Una **semana** tiene 7 días. La **semana** empieza el domingo y termina el sábado.

English		Spanish
weight **Weight** tells how heavy an object is. The turkey is heavy. It has a lot of **weight**.		**peso** El **peso** indica qué tan pesado es un objeto. El pavo esta pesado. Tiere mucho **peso**.
whole number A **whole number** is a counting number. You count with **whole numbers**.		**número entero** Un **número entero** es un número para contar. Tú cuentas con **números enteros**.
width **Width** tells how wide an object is. The books are not the same **width**.		**anchura** La **anchura** indica qué tan amplio es un objeto. Los libros no tienen la misma **anchura**.

W

English		Spanish

***x*-axis**

The ***x*-axis** is a horizontal line with labels on a coordinate grid.

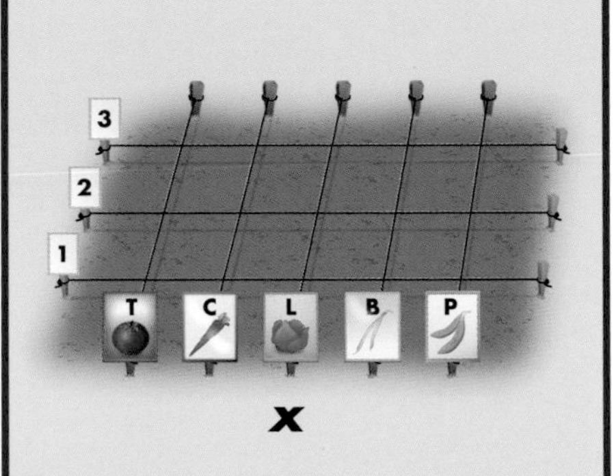

Stakes with letters are on the ***x*-axis**.

eje de las *x*

El **eje de las *x*** es una línea horizontal con etiquetas en un plano de coordenadas.

En el **eje de las *x*** hay rótulos con letras.

***y*-axis**

The ***y*-axis** is a vertical line with labels on a coordinate grid.

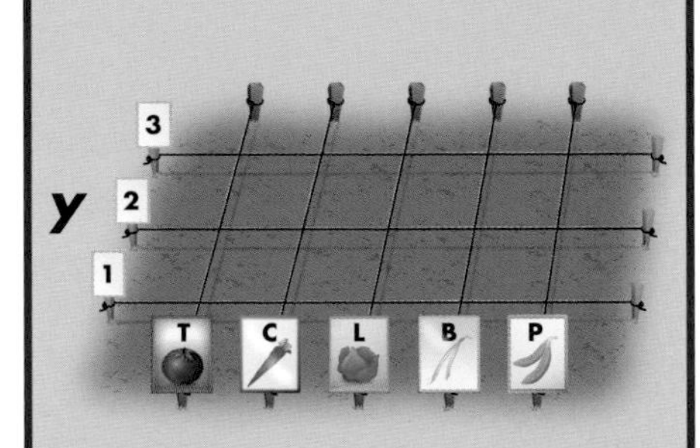

Stakes with numbers are on the ***y*-axis**.

eje de las *y*

El **eje de las *y*** es una línea vertical con etiquetas en un plano de coordenadas.

En el **eje de las *y*** hay rótulos con números.

year

One **year** lasts 365 days.

A **year** starts in January and ends in December.

año

Un **año** dura 365 días.

El **año** comienza en enero y termina en diciembre.

English		Spanish
zero **Zero** means no objects. There are **zero** apples.		**cero** **Cero** significa ningún objeto. Hay **cero** manzanas.

English

Word:	Definition:	Word in Context:
Word:	Definition:	Word in Context:
Word:	Definition:	Word in Context:

English

Word:	Definition:	Word in Context:
Word:	Definition:	Word in Context:
Word:	Definition:	Word in Context:

English

Word:	Definition:	Word in Context:
Word:	Definition:	Word in Context:
Word:	Definition:	Word in Context:

English

Word:	Definition:	Word in Context:
Word:	Definition:	Word in Context:
Word:	Definition:	Word in Context:

English

Word:	Definition:	Word in Context:
Word:	Definition:	Word in Context:
Word:	Definition:	Word in Context: